# Lehrprobe
# Wir schreiben unsere eigene Fabel

### Kreatives Schreiben im Deutschunterricht

Von Janning Leuthold

Stundenentwurf

Universität des Saarlandes

Copyright © 2011 Swopdoc

All rights reserved.

ISBN-13:978-1535537599

ISBN-10:1535537590

**Inhalt**

| | | |
|---|---|---|
| 1. | Vorwort | 3 |
| 2. | Sachanalyse | 4 |
| 2.1. | Fabel | 4 |
| 2.2. | Kreatives Schreiben | 5 |
| 3. | Didaktische Analyse | 7 |
| 3.1. | Einordnung in die Fachdidaktik | 7 |
| 3.2. | Begründung und Einordnung des Themas in den Kernlehrplan | 10 |
| 3.3. | Voraussetzungen der Lerngruppe bezüglich der Kompetenzen | 12 |
| 3.4. | Didaktische Reduktion | 14 |
| 4. | Kompetenzen | 15 |
| 4.1. | Die Kompetenzerwartung der Stunde | 15 |
| 4.2. | Auflistung der Teilkompetenzen | 16 |
| 5. | Methodische Entscheidungen | 17 |
| 5.1. | Erläuterungen der methodischen Konzeption | 17 |
| 5.2. | Darstellung der Unterrichtsschritte und deren Begründung | 18 |

| 6. | Verlaufsplanung | 22 |

Anhang – Unterrichtseinheit 24

Anhang – Tafelbilder 28

Anhang – Differenzierungsmaterial 33

## 1. Vorwort

Die Lehrprobenstunde ist die vorletzte Stunde zum Thema „Fabeln" und ist eingebettet in die Unterrichtseinheit „Handlungs- und produktionsorientierter Umgang mit der Textgattung Fabel". In der vorliegenden Stunde befassen sich die Schüler[1] ausschließlich mit dem individuellen und kreativen Schreiben ihrer eigenen Fabel. Diese verfassen sie selbstständig nach einem Bildimpuls.

In den vorangegangenen Stunden lernten die Schüler diverse Fabeln kennen und erarbeiteten deren Wesensmerkmale und Aufbau. In der gesamten Einheit über die Fabel befassten sich die Schüler vorwiegend handlungs- und produktionsorientiert im Umgang mit dieser Textgattung: Fabeln wurden szenisch interpretiert, ein Comic zu einem Fabelgedicht gezeichnet, sowie eine Bildergeschichte. Eine Fabel wurde weiter-, die nächste umgeschrieben. Die Schüler stellten einen Dialog aus einer Fabel her, übertrugen eine Lehre in ihre Lebenswirklichkeit und schrieben eine Erlebniserzählung. Sie befassten sich außerdem mit vielen verschiedenen Lehren und Redensarten bzw. Sprichwörtern und ordneten diesen die dazu passenden Erzählungen zu.

---

[1] Zur Verbesserung der Lesbarkeit wird in dieser Arbeit ausschließlich die männliche Form verwendet. Diese impliziert aber immer auch die weibliche Form.

Im Zuge des integrativen Rechtschreibunterrichts wurden in dieser Einheit die Themen „Adjektive und ihre Steigerungsformen" und „Wörtliche Rede" aufgegriffen und geübt.

## 2. Sachanalyse
## 2.1. Fabel

Unter Fabel (lat. *fabul*a = Erzählung, Sage) versteht man zum einen das **Handlungsgerüst** eines epischen oder dramatischen Werks, wobei die Betonung auf dem zentralen Motiv liegt[2]. Dieser Aspekt ist allerdings keinerlei von Bedeutung für die Unterrichtseinheit.

Zum anderen aber ist eine Fabel eine kurze, lehrhafte und unterhaltsame Erzählung[3], in der Tiere (manchmal auch Pflanzen oder Gegenstände) wie Menschen handeln, denken und sprechen. Die Handlungsträger verkörpern typische menschliche Eigenschaften und Verhaltensweisen[4].

Das im Folgenden beschriebene ist ein wichtiger Punkt für die Lehrprobenstunde und müsste den Schülern

---

[2] Das kleine Literaturlexikon 2007, S.46.
[3] Relevant für den Unterricht: wesentliches Merkmal der Fabel.
[4] Ebd., S.46.

auch geläufig sein: Eine Fabel folgt meist einem festen Aufbau[5]:

1. Knappe Einleitung, die eine bestimmte Situation der handelnden Tiere beschreibt
2. Hauptteil, der aus Dialog/ Konflikt (Aktion und Reaktion) besteht
3. Schluss, der die Lösung des Konflikts beschreibt (überraschende Wendung)

Am Ende steht meist eine Moral, die die Lehre formuliert, die aus der Geschichte zu ziehen ist.[6]

## 2.2. Kreatives Schreiben

Was den Ausdruck Kreativität etymologisch betrachtet angeht, so stammt er vom lateinischen Verb *„creare"* und bedeutet so viel wie *„hervorbringen", „erschaffen", „ins Leben"* rufen.[7] Eine genaue Definition von „Kreativem Schreiben" an sich gibt es nicht, da allein die beiden Bestandteile des Begriffes – *Kreativität und Schreiben* – einen theoretischen und einen historischen Wandel[8] erlebt haben. Ganz allgemein betrachtet und vereinfacht ausgedrückt lässt sich das „Kreative Schreiben" definie-

---

[5]Der Aufbau der Fabel ist von ganz besonderer Relevanz für die vorliegende Stunde, da die Schüler diesen benötigen, um ihre eigene Fabel zu verfassen.
[6]Vgl.: Das kleine Literaturlexikon 2007, S.46.
[7] Vgl. Brenner 1994, S.14.
[8] Wird in 3.1 „Einordnung in die Fachdidaktik" beschrieben.

ren als produktiver Umgang mit Schreibanregungen jeglicher Art[9]. SPINNER charakterisiert hierbei die Kreativität als das Durchbrechen sprachlicher Normen und als Selbstausdruck. Er betont die Aktivierung der Imaginationskraft[10] als besonderes Charakteristikum[11].

Drei Grundprinzipien kennzeichnen das kreative Schreiben:

1. Irritation
2. Expression und
3. Imagination

Die Schaffung von Irritation provoziert die Entfaltung neuer Einfälle, die Expression zielt auf Authentizität und Imagination verweist darauf, dass es auch um die Ausgestaltung von Fantasien und um das Sich- Hineindenken in andere Welten geht.[12]

---

[9] Vgl. http://www.phil-fak.uni-duesseldorf.de/germ5/seminare/1999ws/pabst/gs-kreativ.pdf, 02.04.11, 09.30Uhr
[10] Was auch in meiner Stunde eine große Rolle spielt.
[11] Vgl. Spinner 201, S. 108.
[12] Ebd., S.108.

## 3. Didaktische Analyse
## 3.1. Einordnung in die Fachdidaktik

Kreatives Schreiben in der Schule ist in den vergangenen 40 Jahren als eine Gegenposition zum traditionellen Aufsatzunterricht entwickelt worden. An dieser Stelle sei die traditionelle Aufsatzdidaktik kurz beschrieben[13]:

Reflexion. Distanz, Norm, Ordnung und Reflexion sind Schüsselbegriffe, wenn man Schriftlichkeit charakterisieren will. Das hat sich auch in der traditionellen Aufsatzdidaktik ausgewirkt. Die Schüler sollen lernen, nicht einfach drauflos zu schreiben, sondern sorgfältig zu planen und ihren Text zu gliedern. Sie sollen die Normen der verschiedenen Textsorten, der Grammatik und der Rechtschreibung beachten. Schreiben ist deshalb eine kognitive Verstandestätigkeit, die Disziplin und ein Zurückstellen von Spontaneität und Subjektivität erfordert[14].

Das kreative Schreiben ist hingegen eines der didaktischen Konzepte, die in den letzten Jahren für den Schreibunterricht in der Schule entwickelt worden sind, um der Unzufriedenheit mit den tradierten Formen des Aufsatzunterrichts abzuhelfen. Für viele ist das kreative Schreiben inzwischen zu einer Entdeckung geworden, und zwar als ein Weg, den Kindern und Jugendlichen

---

[13] Vgl. Spinner: Vortrag an der Osaka Kyoiku University am 3.12.2006.
[14] Ebd.

Freude am Schreiben zu vermitteln und ihre Phantasie anzuregen

Im Folgenden wird ein kurzer historischer Abriss dieses Wandels beschrieben.[15]

Kreativitätsbegriff der 70er Jahre:

Kreativität wurde als divergentes Denken verstanden, das zu neuen Problemlösungen führt. Kreatives Verhalten, so die Auffassung, folgt nicht einfach den vorgegebenen Denkbahnen, sondern bricht aus den gewohnten Mustern aus. Im Deutschunterricht ist der Kreativitätsbegriff vor allem auf das Durchbrechen sprachlicher Normen bezogen worden. Das Spielen mit Sprache, das Verfassen von Unsinnstexten und das Verfremden von Textvorlagen sind beispielsweise typische Unterrichtsverfahren, die durch die Kreativitätsdiskussion in den Unterricht geflossen sind[16].

Fazit: Kreativität bedeutete: *das „Durchbrechen" von Normen.*

Kreativitätsbegriff der 80er Jahre

Unter Kreativität wurde in erster Linie Selbstausdruck, Entäußerung der verborgenen „inneren Welt", Entwurf einer neuen, subjektbestimmten Wirklichkeit verstanden. Man schreibt praktisch demnach aus sich selbst heraus, individuell verschieden. Dieses Schreiben ist in

---

[15] Vgl. Spinner 2001, S. 109 ff.
[16] Ebd.

der Regel am Konzept der Selbsterfahrung (Tagebuch schreiben, Autobiografie verfassen, etc.) ausgerichtet. Während der Kreativitätsbegriff der 70er Jahre durch den Normenbezug gesellschaftlich fundiert war, scheinen die neueren Tendenzen den Rückzug ins Private zu unterstützen.

Seitdem hier das Erzählen von Erlebtem und andere Formen autobiografischer Ausdrucksformen in den Vordergrund gerieten, kann man im kreativen Schreiben einen Versuch sehen, sich gegen die zunehmende Anonymisierung innerhalb der Gesellschaft zu distanzieren.[17]

Meiner Meinung nach hat es ZIESENIS gut ausgedrückt ist, der sagt, dass es von „eminenter Wichtigkeit ist, dass grundlegende, anthropologisch zu verstehende Äußerungsmuster, die dem Menschen zu Gebote stehen, in einem ausgewogenen Schreibunterricht zu ihrem Recht kommen. Das „Kreative Schreiben" begründet sich aus jener anthropologischen Sicht, denn „Kreatives Schreiben" ist notwendige Bedingung individueller Selbstverwirklichung."[18]

Für meinen Teil ist keiner der beiden Teile aus dem Unterricht herauszudenken: weder der kreative, noch der normorientierte Aspekt. Ich bin für einen abwechslungs-

---

[17] Ebd., S.110 ff.
[18] Vgl. Ziesenis in Taschenbuch des Deutschunterrichts Bd. 1 2001, S.30.

reichen Unterricht, in dem beide Richtungen ihre Anwendung finden.

## 3.2. Begründung und Einordnung des Themas in den Kernlehrplan

Laut Kernlehrplan kommt dem Fach Deutsch eine grundlegende Bedeutung für alle Fächer zu. Textverständnis, angepasste Verständigung durch mündliche und schriftliche Kommunikation sowie die Beherrschung von verschiedenen Formen der Textproduktion sind elementare Voraussetzungen für die Teilnahme am schulischen, beruflichen, kulturellen und gesellschaftlichen Leben.[19]

Mein Thema, das „Kreative Schreiben (einer Fabel)" lässt sich im Kernlehrplan Deutsch für die Erweiterte Realschule dem „**2. Kompetenzbereich: Schreiben**" zuordnen. Die in Punkt „*2.4 Schreiben von Texten*" verankerten Kompetenzerwartungen, wie zum Beispiel „*gedanklich geordnet, strukturiert, verständlich, zusammenhängend schreiben*"20 und „grundlegende Schreibfunktionen umsetzen: erzählen, informieren (…), **kreativ gestalten**, (…) **Erzählung**,…"21 und „handlungs- und produktionsorientierte Schreibformen nutzen"22 , kommen in

---

[19] Vgl. Kernlehrplan Deutsch ERS 2008, S.5.
[20] Ebd., S.13.
[21] Ebd., S.13.
[22] Ebd., S.13.

der vorliegenden Stunde zum Tragen. Demnach liegt der Schwerpunkt auf dem „Schreiben". Der Kernlehrplan Deutsch für die Erweiterte Realschule ist jedoch spiraldidaktisch aufgebaut und umfasst noch die Kompetenzbereiche „Sprechen und Zuhören", „Lesen" und „Sprache und Sprachgebrauch untersuchen".

Folgende Aspekte greift die Lehrprobenstunde auf:

Sprechen und Zuhören[23]:

Aus folgenden Teilbereichen dieses Kompetenzbereichs werden Aspekte in meiner Stunde aufgegriffen:

- *„Vor anderen sprechen"*: Redebeiträge leisten; Fabel präsentieren.
- *„Miteinander sprechen"*: Konstruktive Beteiligung an Gesprächen; Feedback geben.
- *„Verstehendes Zuhören"*: Arbeitsaufträge, Fragen und Anregungen zum Gehörten formulieren; kontrollierter Dialog.

Lesen[24]:

Die Schüler verfügen über Lesefertigkeiten (ordnen einfache Fachbegriffe und Wesensmerkmale der Fabel zu) und sind in der Lage, ihre selbst verfasste Fabel gestaltend vorzutragen.

---

[23] Vgl. Kernlehrplan Deutsch ERS 2008, S. 7ff.
[24] Vgl. ebd., S.18 ff.

Sprache und Sprachgebrauch[25]:

„*Beim mündlichen Sprachgebrauch beachten sie wichtige Regeln der Aussprache und beim Schreiben wenden sie grundlegende Regeln der Orthographie an.*" Dieser Kompetenzbereich kommt in allen Unterrichtsstunden zum Tragen.

## 3.3. Voraussetzungen der Lerngruppe bezüglich der Kompetenzen

Fachkompetenz[26]:
Die Schüler kennen verschiedene Fabeln (im Besonderen Tierfabeln), wesentliche Merkmale und deren Aufbau. Anhand verschiedener Fabeln wurden diese teils selbstständig erarbeitet. Demnach können sie die wesentlichen Merkmale und den Fabelaufbau erkennen, benennen und anwenden. Sie haben bereits Fabelanfänge ergänzt, Fabeln umgeschrieben, diverse Tiere und deren Charaktere kennen gelernt und eine Fabel szenisch interpretiert.

Methodenkompetenz:
Was die Methodenkompetenz betrifft, so haben die Schüler noch keine eigene Fabel nach Bildimpuls geschrieben. Die Methode zum Aktivieren des Vorwissens, also das Zuordnen treffender Aussagen mit Hilfe von Wortkarten dürfte für sie nicht neu sein. Sie haben bereits einen an der Tafel geschriebenen Lückentext mit

---

[25] Vgl. ebd., S26 ff.
[26] Siehe A1: Unterrichtseinheit im Anhang.

Wortkarten ausgefüllt. Allerdings waren dort nur „richtige" Aussagen zu ergänzen, wohingegen sie in der vorliegenden Stunde auch „falsche" Aussagen aussortieren müssen. Das Vortragen vor der Klasse ist den Schülern nicht neu und das Geben von Feedback ist ihnen auch geläufig. Was die Höraufträge betrifft, so haben wir vor kurzem folgende Methode eingeführt: Ich habe die Klasse in Gruppen eingeteilt: es befinden sich auf jeder Bank für jeden Schüler ein farbiger Klebepunkt, die Höraufträge werden demnach auf farbigen Plakaten festgehalten, sodass sich jeder Schüler seinen Auftrag selbst erschließen kann.

Individualkompetenz:
Im Rahmen der Individualkompetenz, denke ich, dass alle leistungsstarken Schüler ohne Probleme in der Lage sind, ihre eigene Fabel nach dem allgemeinen Fabelschema zu schreiben und angemessenes Feedback zu geben. Als Differenzierungsmaßnahmen[27] stehen „Tipp-Boxen" mit verschiedenen Hilfsangeboten zur Verfügung (Fabelanfänge, Adjektive, die die Tiereigenschaften beschreiben, Lehren).

Medienkompetenz:
Die Schüler können alle mit den ausgegebenen Arbeitsaufträgen bzw. mit ihren Arbeitsblättern arbeiten. Auch mit den Bildern, die als Bildimpuls dienen, den Wortkarten und den farblich gekennzeichneten Hörauf-

---

[27] Siehe Anhang.

trägen wissen die Schüler umzugehen und können sich durch diese ihre Arbeitsaufträge erschließen.[28]

Sozialkompetenz:
Die Schüler kommunizieren miteinander, geben nach den ihnen bekannten Regeln Feedback und nehmen Feedback an. Kritikfähigkeit wird somit geübt und positiv aufgefasst, da es für jeden Schüler eine Chance ist, sich zu verbessern.

## 3.4. Didaktische Reduktion

Wie bereits mehrfach erwähnt liegt der Schwerpunkt der Stunde im Schreiben. Dabei werden lediglich die Merkmale einer Tierfabel beachtet. Die anderen Fabeln, in denen Pflanzen und/ oder Gegenstände die Protagonisten darstellen, wurden nicht behandelt. Die Schüler schreiben ihre Fabel in ihrer eigenen Sprache, das heißt sie brauchen weder ihre Fabel noch die Lehre in „künstlicher" Sprache zu produzieren. Da die Schüler zum ersten Mal eine eigene Fabel nach Bildimpuls [29] schreiben, erhebe ich nicht den Anspruch auf Perfektion. Mir kommt es lediglich darauf an, wie die Schüler ihre Kreativität umsetzen und ob sie ihr Vorwissen anwenden können. Es werden in der vorliegenden Stunde nicht alle Phasen des Schreibprozesses zur Anwendung finden:

---

[28] Arbeitsaufträge, Arbeitsblätter, Wort- und Bildkarten, sowie Differenzierungsmaterial im Anhang.
[29] Siehe Anhang Tafelbild.

das Überarbeiten und das Veröffentlichen werden in der darauf folgenden Stunde in Form einer Schreibkonferenz stattfinden.

## 4. Kompetenzen
### 4.1. Die Kompetenzerwartung der Stunde

Die Schüler verfassen selbstständig mit Hilfe eines Bildimpulses ihre eigene Fabel, wobei sie erworbenes Wissen über Aufbau und Merkmal einer Fabel anwenden und ihre Fantasie kreativ im Schreiben umsetzen.

## 4.2. Auflistung der Teilkompetenzen

| Orientierung am Stundenverlauf | Allgemeine Kompetenzen | Teilkompetenzen | Anforderungsbereich | Methoden & Arbeitstechniken |
|---|---|---|---|---|
| Einstieg/ Hinführung | 1.2 Vor andern sprechen. 1.3 Mit anderen sprechen. | • Die SuS verbalisieren Lösungsvorschläge und beteiligen sich aktiv am Unterrichtsgespräch: sie erkennen und benennen die zur Fabel gehörenden Merkmale.(TK 1) • Die SuS aktivieren ihr Vorwissen zu den Kriterien einer Fabel und versprachlichen diese. (TK 2) | Reproduktion: Informationen sammeln und ordnen. | Unterrichtsgespräch und „ordnen" von Fabelkriterien zur Aktivierung des Vorwissens. |
| Arbeitsphase | 2.3 Planen und Entwerfen von Texten. 2.4 Schreiben von Texten. | • Die SuS verstehen ihre Schreibaufgabe und konzipieren dementsprechend ihren Text. (TK 3) • Die SuS setzen ihre Kreativität im Schreiben um, indem sie mit Hilfe von Bildimpulsen eine Fabel verfassen. (TK 4) | Transfer Textproduktion | Bildimpulse zur Aktivierung der Imagination. |
| Präsentation | 1.2 Vor anderen sprechen. 1.3 Mit anderen sprechen. 1.4 Verstehendes Zuhören. | • Die SuS tragen ihre Fabel vor der Klasse vor. (TK 5) • Die SuS geben sich gegenseitig, anhand vorgegebener Höraufträge angemessenes Feedback. (TK 6) | Reorganisation Reflektion Bewerten | Präsentieren von Ergebnissen. Feedback geben und annehmen |

# 5. Methodische Entscheidungen
## 5.1. Erläuterungen der methodischen Konzeption

Um die Teilkompetenzen zu erreichen, greife ich auf folgende Methoden und Sozialformen zurück:

Fabelaufbau und Merkmale ordnen und aussortieren:

Die Schüler ordnen richtige Aussagen der Fabel zu und falsche Aussagen werden gegebenenfalls korrigiert und aussortiert. Dies dient der Aktivierung des Vorwissens, sowie der Rhythmisierung des Unterrichts (Schüleraktivität).

Bildimpulse „Tiere":

Mit Hilfe der Plakate der farbig ausgemalten Tierbilder soll die Fantasie der Schüler angeregt werden und sie zum Schreiben ihrer eigenen Fabel motivieren (Einzelarbeit).

Präsentieren und Feedback geben:

Das Vortragen vor der Klasse soll sie fördern und fordern. Die Schüler sollen verständlich, klar und deutlich sprechen. Ihre Kritikfähigkeit wird dadurch geschult. Das angemessene Feedback geben, sich an Gesprächsregeln halten, wird geübt (Schüleraktivität).

Höraufträge:

Durch die Höraufträge soll erreicht werden, dass alle Schüler konzentriert zuhören und sich konstruktiv äußern.

## 5.2. Darstellung der Unterrichtsschritte und deren Begründung

Begrüßung:

Die Schüler begrüßen Herr Bollenbach und Frau Wormuth

Einstieg:

Als Einstieg in die Stunde und zur Hinführung zum Thema „Fabel" wird die Tafel aufgeklappt: Die Schüler sehen mittig eine Bild-Worte-Karte[1], auf der eine Zeichnung der Fabel „Der Löwe und die Maus" zu sehen ist, sowie die Wörter „Eine Fabel...". Die drei Pünktchen zeigen den Schülern bereits, dass sie dort wohl etwas ergänzen müssen.

An der rechten Tafelseite[2] hängen diverse Wortkarten mit Aussagen, die teils auf eine Fabel zutreffen und teils falsch sind. Aufgabe der Kinder ist es, die falschen und richtigen Aussagen voneinander zu unterscheiden und ihre Entscheidung zu begründen. Die falschen Wortkar-

---

[1] Siehe A3: Tafelbild 1 im Anhang.
[2] Siehe A4: Tafelbild 2 im Anhang.

ten werden dann von den Schülern abgehangen bzw. werden sie mir gereicht, damit sie nicht mehr an der Tafel stehen. In manchen Fällen können die Schüler vielleicht auch erkennen, welcher Textgattung die „falsche Fabelaussage" zuzuordnen ist. Zum Beispiel „Beginnt immer mit „Es war einmal" gehört zu einem Märchen. Allerdings ist dies nicht erforderlich und auch nicht gefragt. Mir geht es lediglich darum, dass die Schüler wissen, was zu einer Fabel gehört und falsche Aussagen aussortieren. Am Ende dieser Phase steht nur die Fabel mit ihren Wesensmerkmalen und deren Aufbau an der Tafel.[3]

Anschließend wird die Tafel zugeklappt und die Tierbilder werden an der Außentafel angebracht.[4] Ich klappe bewusst die Tafel wieder zu, damit die Schüler während ihrer kreativen Schreibphase nicht ständig an die Tafel schauen. Ich habe diese Methode gewählt, um das Vorwissen der Schüler zu aktivieren, um alle Schüler zu motivieren mit zu arbeiten (denn jeder findet ein Kriterium, das der Fabel zugeordnet ist) und um den Unterricht vor der eigentlichen Schreibphase zu rhythmisieren.

---

[3] Siehe A5: Tafelbild 3 im Anhang.
[4] Siehe A6: Tafelbild 4 im Anhang.

Arbeitsphase:
In dieser Phase schreiben die Schüler ihre eigene Fabel (AB mit AA[5]). Zur Hilfe haben sie sechs verschiedene Tiere mit unterschiedlichen Charaktereigenschaften, die an der Tafel hängen. Ich habe mich für das Schreiben nach einem Bildimpuls entschieden, da ich der Meinung bin, dass so die Fantasie der Schüler besser angeregt wird, als wenn ich sie - zum Beispiel - nach einer vorgegebenen Lehre eine Fabel schreiben lasse. Des Weiteren wird es mit den Tieren keiner großen Erklärung bedürfen, denn alle Schüler kennen alle Tiere. Sollte irgendetwas nicht klappen, so stehen „Tipp-Boxen" als Hilfe[6] bereit. Sollte Michai, das Integrationskind, erhebliche Schwierigkeiten haben, so habe ich für einen gesonderten Arbeitsauftrag.[7] Die Arbeitsphase wird mit Klangstab beendet. Ich habe mich für Einzelarbeit entschieden, da jeder Schüler seine individuelle, seiner Fantasie entsprechende Fabel verfassen soll. Die Ergebnisse werden in der darauffolgenden Stunde noch einmal in Form einer Schreibkonferenz besprochen und in Form eines „Fabelbuchs der Klasse" zusammengebracht.

---

[5] Siehe A2: Arbeitsblatt mit Arbeitsauftrag im Anhang.
[6] Siehe A8: Differenzierungsmaterial im Anhang.
[7] Ebd.

Präsentation:

Bevor die Schüler ihren Text präsentieren, hänge ich zur Visualisierung Höraufträge an die Tafel.[8] Jedes Kind hat somit seinen eigenen Hörauftrag und braucht sich nicht gleichzeitig auf alle Kriterien zu konzentrieren. Des Weiteren ist somit gewährleistet, dass alle Schüler genau zuhören. Zum Präsentieren der Ergebnisse stellen sich die Schüler mit ihrer Fabel vor die Tafel. Nach jedem Vortrag geben die Mitschüler anhand ihres Auftrages Rückmeldung. So achten die Kinder auf unterschiedliche Kriterien. Mindestens drei Schüler sollten ihre Texte präsentieren und Rückmeldung erhalten.

Abschluss:
Die Klasse verabschiedet die Fachleiter und mich.

---

[8] Siehe A7: Tafelbild 5 im Anhang.

## 6. Verlaufsplanung

| Zeit/ Artikulation | Geplante Lehreraktivität/ Erwartetes Schülerverhalten | Didaktisch- methodischer Kommentar | Sozialform | Medien/ Material |
|---|---|---|---|---|
| 8.35 – 8.36 Uhr (1 Min.) Begrüßung | LAA und SuS kreuzen Arme und Beine und begrüßen die Fachleiter. | Ritual: Erziehung zur Höflichkeit, zur Ruhe finden. | Plenum | |
| 8.36 – 8.45 Uhr (9 Min.) Einstieg/ Hinführung | LAA klappt die Tafel auf. In der Mitte der Tafel hängt eine Wort-Bild-Karte, rechts und links an den kleinen Seitentafeln diverse Aussagen über Fabelmerkmale und Aufbau, die teils falsch, teils von anderen Textgattungen stammen. <br> • SuS erkennen und benennen ihren Arbeitsauftrag, die zutreffenden Aussagen einer Fabel zuordnen oder SuS melden sich, gehen direkt an die Tafel und sortieren die Aussagen. | Stummer Impuls <br> Aktivierung des Vorwissens <br><br> Überprüfung des Erlernten <br><br> Rhythmisierung des Unterrichts Aktivierung aller SuS (TK 1 und TK 2) | Schüleraktivität | Tafel <br> Wort-Bild-Karte <br> Wortkarten |
| 8.45 – 9.05 Uhr (20 Min.) Arbeitsphase | LAA: „Ihr wisst schon ganz viel über Fabeln, jetzt wollen wir mal sehen, ob ihr das auch selbst anwenden könnt" Tafel wird wieder zugeklappt. <br> LAA hängt Bild-Karten mit unterschiedlichen Tieren an die zugeklappte Tafel (3 Bilder Links, 3 Bilder rechts). <br> • SuS äußern Vermutungen: „Wir schreiben unsere eigene Fabel". <br> LAA bestätigt die Vermutung und teilt die Arbeitsblätter aus. | Transfer und Anwendung des Vorwissens. <br><br> Transparenz durch Nennung des Stundenthemas <br><br> Produktionsaufgabe: Förderung der Kreativität | L-S-Gespräch <br><br><br><br><br><br> Einzelar- | Tafel <br> Bild-Karten <br> Arbeitsblätter <br> Differenzierungsmaterial <br> (3 „Tipp-Boxen" mit unterschiedlichen Hilfen:1. Adjektive, die die Tiercharaktere |

22

| | | | |
|---|---|---|---|
| | • SuS lesen Arbeitsauftrag und wiederholen diesen noch einmal mit ihren eigenen Worten.<br>• SuS schreiben unter Beachtung des Fabelsaufbaus und der Merkmale und mit Hilfe der Tierbilder ihre eigene Fabel und denken sich dazu eine passende Lehre dazu aus.<br><br>LAA gibt durch das Benutzen des Klangstabes den SuS das Signal, ihre Arbeit zu beenden und hängt danach Höraufträge an Tafel: „Ihr habt nun noch eine Minute Zeit, um euren Satz fertig zu schreiben und euch euren Hörauftrag durchzulesen. Nehmt bitte eure Schmierzettel und macht euch Notizen." | (TK 3 und TK 4) | beit | beschreiben, 2. Verschiedene Lehre, 3. Eine Fabel zum Weiterschreiben, sowie ein gesondertes AB für Integrationskind)<br><br>Höraufträge |
| 9.05 – 9.19 Uhr<br>(14 Min.)<br>Präsentation | SuS präsentieren ihre Fabel vor der Klasse.<br>Die anderen SuS hören zu, machen sich Notizen und geben Feedback.<br>Des Weiteren sollen sich die SuS darüber äußern, wie die Fabel vorgetragen wurde: klare, deutliche Aussprache?, laut genug geredet?, Blickkontakt?<br><br>SuS wenden die Meldekette an. | Würdigung der Schülerarbeiten<br><br>Individuelle Aufträge: Motivieren, dass alle zuhören.<br><br>Feedback geben und annehmen<br><br>SuS rufen sich gegenseitig auf: Förderung der Selbsttätigkeit. (TK 5 und TK6) | Schülervortrag | Fabeltexte<br>Höraufträge<br>Wort- Karten |
| 9.19 – 9.20 Uhr<br>(1 Min.)<br>Abschluss | LAA macht die SuS darauf aufmerksam, dass sie ihren Fabeltext am nächsten Tag dabei haben müssen.<br>SuS verabschieden sich von den Fachleitern und der LAA | Organisation<br><br>Erziehung zur Höflichkeit | Plenum | |

## A1: Unterrichtseinheit

| Stunde & Thema der Stunde | Kompetenzerwartung | Angestrebte Teilkompetenzen |
|---|---|---|
| 1 „Löwe und Maus" – wir lernen eine Fabel kennen | Die SuS lernen die Textgattung Fabel kennen, in dem sie eine Fabel lesen und vortragen. | Die SuS …<br>• geben den vordergründigen Verlauf der zweiteiligen Handlung wieder.<br>• stellen die gegensätzlichen Charaktereigenschaften der Tiere fest.<br>• erkennen den Rollenwechsel, die Umkehr der Machtverhältnisse.<br>• lesen den Fabeltext sinn- & klanggestaltend.<br>• verstehen die Lehre und können sie auf die Menschen übertragen. |
| 2 „Der Rabe und der Fuchs" – wir lernen die Wesensmerkmale und den Aufbau von Fabeln kennen | Die SuS erarbeiten die wesentliche Merkmale und den Aufbau einer Fabel am Beispiel „Rabe und Fuchs" | Die SuS …<br>• arbeiten in Partnerarbeit zusammen und einigen sich auf eine gemeinsame Lösung.<br>• erarbeiten die Wesensmerkmale einer Fabel selbstständig.<br>• bringen sich im Unterrichtsgespräch ein.<br>• verbalisieren ihre Lösungsvorschläge. |
| 3 Wir konkretisieren den Fabelaufbau am Beispiel von „Fuchs und Storch" | Die SuS wenden den Fabelaufbau am konkreten Beispiel an, in dem sie Fabel „Fuchs und Storch" in Abschnitte zerlegen. | Die SuS …<br>• geben den Fabelaufbau wieder und belegen diesen Schritt für Schritt mit Textstellen und markieren diese farbig.<br>• verbalisieren ihre Lösungsvorschläge.<br>• bringen sich produktiv im Unterrichtsgeschehen ein.<br>• erkennen und benennen eine geeignete Lehre.<br>• verstehen die Lehre und übertragen sie auf die Menschen. |
| 4 Wir schreiben eine Fabel um und zeichnen eine Bildergeschichte. | Die SuS schreiben eine Fabel um und fertigen dazu eine Bildergeschichte an. | Die SuS…<br>• übertragen ihr Vorwissen auf die Fabel Fuchs und Storch und schreiben diese um.<br>• bereiten die Fabel zum Vorlesen vor.<br>• zeichnen eine Bildergeschichte zu der Fabel und versehen diese mit Denk- und Sprechblasen. |

| | | | |
|---|---|---|---|
| 5 & 6 | Wir inszenieren die Fabel „Hahn und Fuchs". | Die SuS entwickeln anhand einer Vorlage ein Rollenspiel und setzen sich aktiv handelnd und kreativ mit der Fabel „Der Hahn und der Fuchs" auseinander. | Die SuS …<br>• setzen sich eigenaktiv innerhalb eines vorgegebenen Zeitrahmens mit der Fabel auseinander.<br>• entwickeln Empathie.<br>• üben sich in Artikulation und Intonation.<br>• gestalten ihre Inszenierung kreativ.<br>• üben das Arbeiten in Gruppen.<br>• tragen ihre Interpretation vor der Klasse vor.<br>• geben Feedback. |
| 7 | Wir schreiben eine Fabel zu Ende. | Die SuS ergänzen Satzanfänge und schreiben eine Fabel in Partnerarbeit zu Ende. | Die SuS …<br>• einigen sich mit ihrem Partner auf einen Fabelanfang.<br>• überlegen und machen Notizen, wie ihre Handlung aussehen soll.<br>• wenden ihr Vorwissen an.<br>• kooperieren mit ihrem Partner und setzen ihre Fantasie im Schreiben um.<br>• tragen ihre Fabel vor der Klasse vor (lesen oder szenisch).<br>• üben Kritikfähigkeit<br>• geben Feedback und nehmen Feedback an.<br>• verbalisieren ihr Lösungsvorschläge und beteiligen sich aktiv am U-Gespräch.. |
| 8 | Wir steigern Adjektive. | Die SuS ordnen verschiedene Eigenschaften Tiere zu und steigern diese Adjektive. | Die SuS …<br>• beteiligen sich aktiv am Unterrichtsgespräch und benennen Tiereigenschaften, die sie zuvor den Tieren zugeordnet haben.<br>• verbalisieren ihr Lösungsvorschläge: formulieren Merksätze zu „Adjektive".<br>• lernen die Begriffe Positiv, Komparativ und Superlativ kennen.<br>• wenden die neuen Begriffe an, in dem sie eine Tabelle mit den zu steigernden Adjektiven erstellen. |

| 9 | Wir vergleichen Adjektive miteinander. | Die SuS verstehen den Unterschied zwischen den beiden Vergleichsformen „als" und „wie". | Die SuS ...<br>• wenden ihr Wissen über Adjektive und deren Steigerung an.<br>• erarbeiten die Vergleichsformen mit „wie" und „als" und erkennen deren Unterschied.<br>• setzen sich bewusst mit Sprache auseinander.<br>• verbalisieren Lösungsvorschläge und bringen sich aktiv am Unterrichtsgeschehen ein, indem sie Merksätze selbst formulieren.<br>• üben das Steigern der Adjektive und das Vergleichen von Dingen. |
|---|---|---|---|
| 10 & 11 | Wir verstehen den Sinn von Fabeln und entflechten zwei Fabeln. | Die SuS entnehmen gehörten und gelesenen Fabeln Sinn, indem sie entsprechende Lehren finden und Fabeln entflechten. | Die SuS ...<br>• fassen Inhalte gelesener Fabeln mit ihren eigenen Worten zusammen.<br>• finden zu den Fabeln eine Lehre.<br>• unterscheiden zwei Fabeln um sie zu entflechten, indem sie diese sinnerfassend lesen.<br>• arbeiten mit ihrem Nachbar zusammen.<br>• lesen eine Fabel betont vor. |
| 12 | Wir fügen wörtliche Rede in eine Fabel ein. | Die SuS fügen in eine gelesene Fabel ein, was die die Tiere denken und sprechen. | Die SuS ...<br>• fassen Inhalte gelesener Fabeln mit ihren eigenen Worten zusammen.<br>• machen sich Notizen, was die Tiere denken und sprechen könnten.<br>• lesen sich ihren Text gegenseitig vor.<br>• arbeiten mit ihrem Nachbar zusammen.<br>• vergleichen ihre Fabel mit der ursprünglichen Fabel Äsops „Der Fuchs und der Ziegenbock. |

| 13 | Wir schreiben unsere eigene Fabel. | Die SuS schreiben ihre eigene Fabel, indem sie ihre Fantasie durch Bildimpulse kreativ im Schreiben umsetzen. | Die SuS… <br>• verbalisieren Lösungsvorschläge und beteiligen sich aktiv am Unterrichtsgespräch: sie erkennen und benennen die zur Fabel gehörenden Merkmale. <br>• aktivieren ihr Vorwissen zu den Kriterien einer Fabel und versprachlichen diese. <br>• verstehen ihre Schreibaufgabe und konzipieren dementsprechend ihren Text. <br>• setzen ihre Kreativität im Schreiben um, indem sie mit Hilfe von Bildimpulsen eine Fabel verfassen. <br>• tragen ihre Fabel vor der Klasse vor. <br>• geben und nehmen Feedback an. |
|---|---|---|---|
| 14 | Wir führen eine Schreibkonferenz durch | Die SuS überarbeiten ihre selbst geschriebenen Fabeln in Form einer Schreibkonferenz. | Die SuS … <br>• arbeiten in Gruppen. <br>• sammeln erste Eindrücke der Ergebnisse. <br>• lesen sich innerhalb der Gruppe ihre Fabeln gegenseitig vor. <br>• geben Feedback, was besonders gut gelungen ist und woran der Verfasser noch arbeiten muss. <br>• machen sich Notizen der Rückmeldungen. <br>• geben ihre Fabel innerhalb der Gruppe weiter. <br>• lesen und korrigieren (am Rand) die Fabeln der Gruppenmitglieder, geben „Topp" und „Tipp" zu jeder Fabel. <br>• diskutieren ihre Verbesserungsvorschläge innerhalb der Gruppe. <br>• korrigieren ihre Texte mit Hilfe der Randbemerkungen der Klassenkameraden. |

# Anhang – Tafelbilder

## A2 Arbeitsblatt mit Arbeitsauftrag

## Meine Fabel

1. Überlege dir eine Handlung und suche dir dazu passende Tiere aus.
2. Achte bei der Auswahl der Tiere auf gegensätzliche Eigenschaften.
3. Beachte den Aufbau und die Merkmale einer Fabel.
4. Versuche kurz und knapp zu schreiben.
5. Überlege dir eine Lehre zu deiner Fabel

Quelle: selbst erstellt.

## A3 Tafelbild 1 (Mitte)

Quelle Bild: www.big-cats.de/fabel_der_loewe_und_das_maeuschen.htm, 01.04.2011, 11.30Uhr

## A4 Tafelbild 2 (Rechte Seite)

Quelle: Selbst erstellt

## A5 Tafelbild 3 (Bearbeitet)

## A6: Tafelbild 4 (Ausgemalte Tierbilder – Plakate)

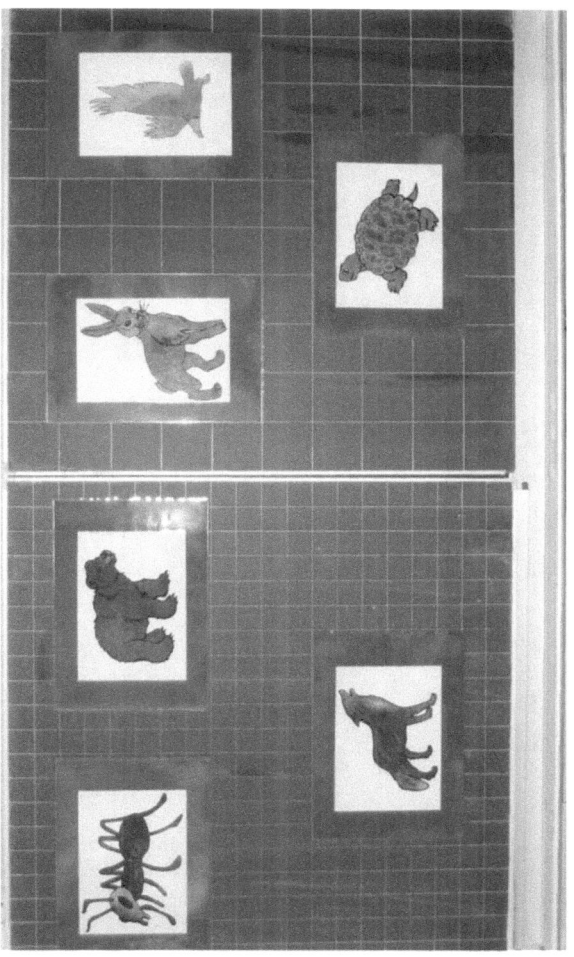

Quelle: Selbst ausgemalt; Ausmalbilder:
www.schulbilder.org

## A7: Tafelbild 5 (Höraufträge)

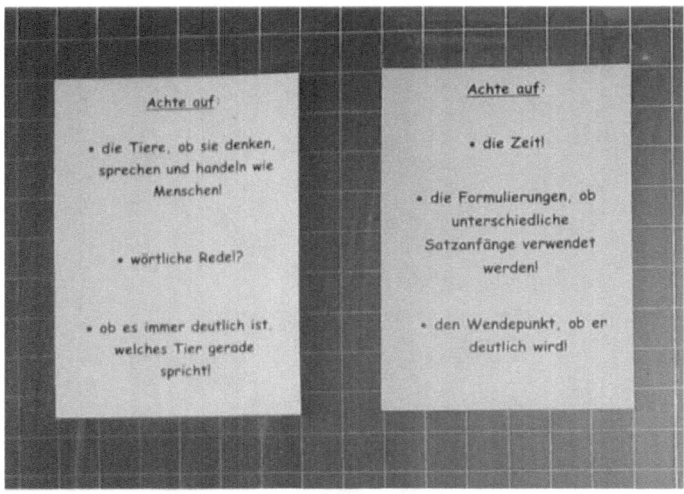

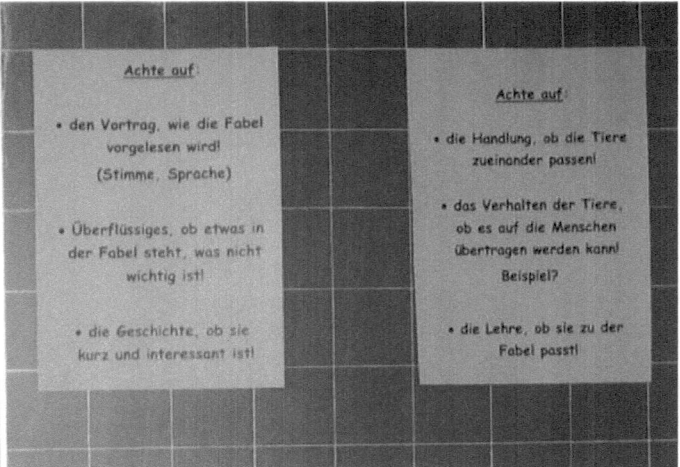

Quelle: Selbst erstellt

# Anhang – Differenzierungsmaterial

## A8: Differenzierungsmaterial:

Als Hilfsangebot stehen in den „Tipp-Boxen" folgende Hilfen bereit:

Adjektive:

Hier findest du Eigenschaften, die zu deinen Tieren passen könnten und die du beim Schreiben deiner Fabel gebrauchen könntest:

ängstlich, böse, dumm, dreist, eifersüchtig, eitel, falsch, faul, fleißig, gefräßig, geizig, gründlich, hochmütig, klug, langsam, listig, mutig, mächtig, misstrauisch, naseweis, nachtragend, neidisch, prahlerisch, quengelig, redegewandt, schlau, schnell, schön, stark, stolz, störrisch, töricht, träge, unbelehrbar, verschlagen, weise, zickig, zaghaft.

(Quelle: Lesebuch)

Lehren:

Hier findest du verschiedene Lehren, die dir beim Verfassen deiner Fabel helfen können:

- Der Klügere gibt nach.
- Wer andern eine Grube gräbt, fällt selbst hinein.
- Wenn zwei sich streiten, freut sich der Dritte.
- Wer alles haben will, bekommt am Ende nichts.
- Wo ein Wille ist, ist auch ein Weg.
- Hüte dich vor Schmeichlern.
- Was du nicht willst, was man dir tut, das füg auch keinem andern zu.

(Quelle: Selbst ausgedacht.)


Eine Fabel weiterschreiben:

Solltest du keine Ideen haben, schreibe die folgende Fabel zu Ende und überlege dir eine passende Lehre dazu:

Der Fuchs und der Ziegenbock

Ein Fuchs fiel in einen tiefen Brunnen und konnte sich nicht heraushelfen. Da kam ein durstiger Ziegenbock zum Brunnen und als er den Fuchs sah, fragte er ihn: „Ist das Wasser gut?" …

(Quelle: Fabeln in Stundenbildern.)

www.ingramcontent.com/pod-product-compliance
Lightning Source LLC
Chambersburg PA
CBHW021448170526
45164CB00001B/437